DISCOURS
SUR
L'ASTROLOGIE JUDICIAIRE
ET
SUR LES HOROSCOPES

Prononcé par I. DENIS Conseiller & Médecin ordinaire du Roy.

Dans vne des Conferençes publiques, qui se font chez luy tous les Samedis.

A PARIS
Chez IEAN CVSSON rüe Saint Iacques, à l'Image de Saint Iean Baptiste.
M. DC. LXVIII.

AVEC PRIVILEGE DV ROY.

DISCOVRS SUR L'ASTROLOGIE JUDICIAIRE; ET SUR LES HOROSCOPES.

Prononcé par JEAN DENIS *Docteur en Medecine dans vne de ses Conférences.*

IL n'y a rien de si commun que de voir des gens infatuez des folies de l'Astrologie judiciaire, & des faiseurs d'horoscopes, qui se vantent par tout de pouvoir prédire les divers évenemens qui doivent arriver dans la vie d'vn chacun, pourveu qu'on leur permette seulement de consulter les Astres, & d'examiner les constellations, qui dominoient à l'heure de la naissance. Ils soustiennent que toutes les Estoiles sont comme autant de caracteres differens, qui suivant leurs differentes conjonctions, composent ce beau Livre celeste, que nous appellons le Firmament, dans lequel ceux qui ont le don de pouvoir lire, peuvent découvrir toutes les choses futures, comme si elles estoient presentes, & donner toutes les assurances que l'on peut souhaitter de l'advenir; cõme, par exemple, si vne guérre sera funeste ou favorable; si le naufrage est à craindre pour vn vaisseau où l'on s'embarque; si la famine ou la peste menaçent quelque Royaume; si des personnes particulieres periront par le feu, par le fer, ou par l'eau; si la fortune leur sera favorable, & les élevera aux premieres dignitez; & generalement tout ce qui arrivera de bien ou de mal aux Estats, aux Religions, aux Princes, aux Sujets, & à tout le monde sans aucune exception.

Je ne m'estonne pas qu'il y ayt des personnes assez hardies, pour débiter ces pensées ridicules, pour les mettre sous la presse, & les faire passer dans les Cercles, dans les Assemblées publiques, & dans les Palais des Princes. Car, comme dit vn Ancien, ils y trouvent leur compte, ils en retirent du proffit, & en font vn mestier pour pouvoir subsister aux despens de ceux qu'ils duppent, & qu'ils attrapent par leurs belles parolles.

Nihil credo auguribus, qui aures alienas verbis divitant, suas vt auro locupletent domos. *Aulus Gellius l. 14. c. 1.*

Mais mon estonnement est qu'il y ayt tant d'esprits foibles qui se laissent abuser par leurs promesses, qui les consultent, & qui adjoûtent foy à leurs resveries. Et apres en avoir recherché exactement la source, & le premier principe, je ne crois point qu'on le puisse mieux trouver qu'en remontant jusqu'au peché de nos premiers Peres. Car nous remarquons qu'ils devinrẽt prévaricateurs à la Loy de Dieu par vne trop grãde curiosité, & par vne mal heureuse envie qu'ils eurẽt de sçavoir l'avenir, pour estre plus semblables à Dieu. Et comme nous participons tous de leur nature, & que nous entrons dans la corruption, au mesme instant que nous recevons la lumiere; nous faisons sans cesse la mesme faute, & nous ressentons vne inclination na-

Annuntiate quæ ventura sunt in futurum, & sciemus quia Dij estis vos *Isaia 41.*

turelle de ſçavoir les choſes futures, & d'apprendre ce qui nous arrivera.

Cette grande inclination de ſçavoir les choſes futures a touſiours dominé dans le cœur de l'homme depuis le péché des premiers Peres, & ç'a eſté vne ſource tres feconde en menſonges, en tromperies, & en illuſions; Car quoy qu'elle ſemble d'abord d'elle meſme fort avantageuſe à l'homme, & qu'elle le faſſe prétendre à vne prérogative qui n'appartient qu'à Dieu ſeul: neantmoins par vn renverſement eſtrange, il n'y a rien qui le rabaiſſe davantage, & qui efface plus les beaux caracteres de la Divinité qui ſont imprimez dans la ſubſtance de ſon ame, puiſque dans la veuë de ſatisfaire cette malheureuſe curioſité, il ſe porte à écouter des beſtes qui ne parlent point, & à conſulter des créatures irraiſonnables & inanimées, pour leur adjouſter foy comme à des oracles.

Les hiſtoires Grecques & Romaines ne nous diſent elles pas qu'on tiroit autrefois des augures & des prognoſtiques du vol & du chant des oyſeaux, du marcher & du manger des poulets, des chevaux & autres animaux? Les Devins ne ſe ſont-ils pas ſervis de bagues, de miroirs, de tamis, & de clefs, pour faire tourner comme on dit le ſas, de chaudrons, de cribles, & de nombres meſme, & de lettres, pour décider la bonne ou mauvaiſe fortune, la mort ou la vie ſur les noms & ſurnoms de ceux qui les conſultoient? & nos Aſtrologues d'aujourd'huy, ont ils encore autre choſe qu'vn bellier, vn taureau, vn lion, des poiſſons, des chiens, des ours, des chevaux, & d'autres beſtes imaginaires qu'ils consultent comme les causes & les oracles de leurs prédictions ?

Les premiers qui ont donné cours à l'Astrologie & aux prédictions des Astres, sont les Chaldéens qui faisoient d'abord Profession d'Astronomie, c'est à dire qui s'arrestoient particulierement à considerer & à éxaminer le cours & les mouvemens des Cieux & des Astres. Mais cette estude sublime & relevée ayant fait negliger à quelquesvns leurs propres affaires, ils tomberent dans l'indigence, & dans la necessité (comme l'experience nous fait encore voir tous les jours que les Astrologues qui disposent ordinairement de la fortune d'vn chacun par leurs prédictions, n'en sont pas les mieux partagez) Ces Chaldéens se voyant ainsi trahis par leur profession, ils changerent l'Astronomie en Astrologie, & ils y introduisirent mille faussetez, tant pour abuser le peuple, & se rendre recommandables par leurs prognostiques, que pour en recevoir du profit, & se retirer de la pauvreté, en promettant aux vns des prosperitez, & menaçant les autres de grandes infortunes, s'ils ne prenoient les moyens qu'ils leur enseignoient pour vaincre les malignes influences de leurs constellations.

La doctrine des Chaldéens se répandit par succession de temps en Egipte, & en Grece, & depuis par tout le monde, avec d'autant plus de facilité, qu'elle fust d'abord approuvée par les Princes & par les Roys, qui s'en servirent pour appuyer leur politique ; par les faux Prestres pour authoriser les impietez de leurs Religions ; par les pauvres Mathematiciens pour y trouver leur subsistance ; par les Poëtes, & par les Orateurs; pour en faire la matiere de leurs figures, de leurs saillies, & de leurs plus belles comparaisons; & enfin par les Historiens pour escrire au goust, & dans le sentiment du vulgaire.

Voyla l'origine & le progrez de cette sotte & superstitieuse Astrologie, dont quelques vns font encore presentement tant d'estime, & dont on se sert si souvent pour amuser les ignorans, pour intimider les sots, & pour tromper generalement tout le monde. Voyons ce qu'il en faut dire en bonne Philosophie, cherchons des preuves pour la combattre, attaquons la par ses principes, & la sappons par ses fondemens.

Il ne faut que la lumiere naturelle pour prouver que les Astres n'ont aucune influence particuliere, qui puisse raisonnablement passer pour la cause de nos bonnes ou mauvaises inclinations, & encore moins des actions differentes que nous faisons pendant le cours de nostre vie.

Car, premierement si nous éxaminons bien la nature de nostre volonté, nous demeurerons d'accord qu'il n'y a point de cause exterieure qui puisse agir sur elle, si ce n'est celle qui luy a donné l'Estre, & qui forme en elle les diverses inclinations qui s'y rencontrent. Car la volonté est vne puissance libre, qui se détermine elle mesme à agir, & qui ne se porte à vn objet, que par ce qu'elle le veut, & le désire; & ainsi il faudroit estre la cause de cette détermination, & il faudroit produire ces désirs dans la volonté pour en estre veritablement le principe & le moteur. C'est pourquoy comme cette prérogative n'appartient qu'à Dieu seul, il

Cor regis in manu Domini, quocumque voluerit vertet illud. *Prov. 21.*

faut aussi dire qu'il n'y a que luy qui ayt la puissance de la mouvoir, & de la porter interieurement où il luy plaist, comme dit fort bien le Prophete : & par consequent, que c'est sans raison que quelquesvns prétendent attribuer cette mesme vertu aux Astres & à leurs influences.

En second lieu, les Astres n'estant que des causes toutafait materielles, s'ils ont quelques influences, ils ne peuvent les répendre tout au plus que sur des sujets qui leur soient proportionnez, c'est à dire qui soient materiels comme eux. Or la Volonté & l'Entendement qui sont les principes des actions humaines, ne sont point au rang des choses materielles : & par consequent les Astres ne sont pas capables de les mouvoir, ny d'y produire aucun changement par leurs influences.

Troisiémement, si les Astres pouvoient répendre quelques influences sur la volonté des hommes, il n'y auroit pas de raison pourquoy l'vn en seroit plustost mal traitté que l'autre, puis qu'estans des causes naturelles & generales, elles agiroient indifferamment sur tous les endroits, où le hazard les porteroit : & parconsequent il n'y auroit aucun moyen de pouvoir déterminer rien d'asseuré, ny d'appuyer, comme font tous les Astrologues, aucune prédiction sur vn fondement si incertain.

Enfin, pour parler physiquement, nous ne remarquons que deux choses dans les Astres, à sçavoir la lumiere & le mouvement, (je defie les Astrologues de nous y faire observer autre chose) Or la lumiere est bien capable à la verité d'éclairer, & de dissiper les tenebres ; & le mouvement d'vn corps peut bien causer quelque agitation dans celuy qui est en repos, ou qui se meut plus lentement: Mais il est impossible de prouver par aucune raison naturelle, que cette lumiere, & ce mouvement soient capables de produire les changemens étranges, & les contrariétez qu'on leur attribüe; car toutes les Estoiles ont vne lumiere qui est fort peu differente, & leur mouvement nous paroist assez égal & vniforme: Ainsi c'est sans fondement que l'on veut faire passer vne constellation pour favorable, & l'autre pour dangereuse; comme, par exemple, lors qu'on dit que Mercure fait des Musiciens, & Mars des Guerriers, que l'Ecrevisse est froide, & le Sagittaire chaud, que la huictiéme Maison est celle de la Mort, & la dixiéme celle de la Vie, & quantité de choses semblables, que j'aurois honte de rapporter.

En effet, les Astrologues se voyans dans l'impuissance de répondre à cét argument, & de rien expliquer par le mouvement & par la lumiere des Astres; ils nous renvoyent à des influences occultes & à des qualités cachées, c'est à dire en bon françois, qu'ils avoüent eux mesmes qu'ils ne sçavent pas comment tous ces effets differens peuvent estre produits par de telles causes, & que c'est vne chose qui leur est entierement occulte & cachée.

Mais quoy qu'ils semblent se dispenser par cette réponce d'en dire davantage, & qu'ils fassent assez voir par là que toute la beauté & l'évidence de leurs sublimes connoissances ne dégenerent qu'en obscuritez & en tenebres, lors qu'on en veut examiner les principes, & en rechercher les fondemens: nous n'en demeurons pourtant pas là, si nous voulons agir en Philosophes. Et quoy qu'on n'ayt rien d'ordinaire à demander à vn Autheur sur la production de quelque effet, dont il recognoist que la cause luy est occulte: nous ne laisserons pas de pousser plus avant les Astrologues, & de leur demander la raison qu'ils ont d'attribuer des effets si differens à vne cause qu'ils ignorent, & pourquoy ils assignent tant de proprietez differentes à vne influence, dont ils avoüent que la nature leur est occulte & cachée.

Quand ils se voyent ainsi pressez, & qu'ils ont a faire à quelque esprit raisonnable qui ne se paye pas facilement de parolles, mais qui se moque des mots d'influences occultes, & de qualitez cachées, ils se jettent aussitost sur les histoires, & sur l'experience; & ils ont, si on les veut croire, vne ample matiere pour s'estendre, lors qu'ils entreprennent de parcourir toutes les choses qui sont arrivées conformément à leurs prédictions. Et parceque c'est icy leur dernier retranchement, il faut les y attaquer, & faire voir encore le peu de solidité qui s'y rencontre.

L'experience, où les Astrologues ont recours, ne leur est pas si avãtageuse, que quelques vns se le persuadent. Et l'on peut dire au contraire que quand nous n'aurions pas d'autres armes pour les combattre, nous en aurions encore assez pour les accabler dans leurs propres ruines. En effet, si l'on vouloit s'en raporter à la seule experience, si l'on se donnoit la peine de feüilleter les histoires qui sont arrivées,

& si

& si l'on considéroit principalement celles qui arrivent tous les jours, & dont nous sommes les témoins oculaires : il ne faudroit point d'autres preuves pour desabuser entierement ceux qui sont trop crédules, & pour leur faire toucher au doigt le peu d'assurance qu'on doit avoir sur les prédictions, & sur les horoscopes des Astrologues.

Car, comme raisonne admirablement S. Augustin, quel fondement ont les Astrologues de soûtenir que ceux qui sont nez & conçeus sous vne mesme constellation, seront sujets aux mesmes accidens & à la mesme fortune, & que ceux qui auront pris naissance sous des constellations différentes, menneront aussi vne vie toute dissemblable? puisque l'experience nous fait voir au contraire, que quantité de personnes qui sont nées sous vne mesme constellation, & dans vn mesme instant, ne laissent pas d'avoir des évenemens & des succez fort contraires pendant toute leur vie: & que bien souvent ceux qui sont nez sous de differentes constellations, sont enveloppez dans vne mesme disgrace, & ont vne mesme fin.

S. Aug. l. 5. de civ. Dei. c. 1. 4. & 5.

Ces deux gemeaux Iacob & Esau, (dit ce Pere) *n'estoient-ils pas néz & conçeus sous vne mesme constellation, puisque suivant le témoignage de l'Escriture, ils vinrent en mesme temps au monde, & que l'vn d'eux en naissant tenoit le pied de son frere? Et cependant leurs vies furent si dissemblables, leurs humeurs si opposées, leurs actions & leurs fins si differentes, que cette grande diversité qu'ils avoient generalement en toutes choses, leur faisoit mesme concevoir de l'aversion l'vn pour l'autre.*

Nati sunt duo geminij, sic alter post alterum, vt posterior plantã prioris teneret. tanta in eorũ vita fuerunt moribusve diversa, tãta in actibus disparitas, tanta in parentũ amore dissimilitudo, vt etiam inimicos eos inter se faceret ipsa distantia *S. Aug. l. 5. de Civit. Dei cap. 4.*

Aprés vn exemple si fameux, devons nous adjoûter quelque foy aux Horoscopes qui se prennent de l'heure de la naissance; & y at-il de l'apparence de s'attendre aux promesses que les Astrologues donnent par des prédictions qui ne sont appuyées que sur ce fondement?

Mais poussons vn peu davantage ce raisonnement, & aprés l'avoir appuyé d'vn éxemple rapporté par vn Pere de l'Eglise, confirmons le par quelques autres qui se trouvent dans vn Payen de l'antiquité. *Si nous remarquons par experience* (dit Ciceron) *que ceux qui sont nez dans vn mesme instant, vivent neantmoins diversement, ont des inclinations fort differentes, & périssent par des accidens bien contraires; N'est-ce pas vn Argument assez fort pour convaincre que l'heure de la naissance n'a aucun rapport avec le reste de la vie? & si la pensée des Horoscopistes avoit quelque lieu* (poursuit cét Orateur Philosophe) *ne faudroit-il pas dire que personne n'auroit esté né ou conçeu par tout le monde dans le méme temps que Scipion l'Affricain, parce que sa vie & sa fortune ne trouvérent point de semblables? Ne faudroit-il pas dire aussi que tous ceux qui meurent par vne contagion vniverselle, ou qui sont ensevelis dans vn mesme naufrage, ou qui périssent dans vne méme bataille (comme ces milliers de Romains qui furent massacrez en celle de Cannes) avoient tous esté nez & conçeus dans vn méme instant, & sous vne méme constellation?* Ce qui est moralement impossible, & ce qui ne pourroit s'avançer sans vne contradiction manifeste.

Quid quod vno eodemque temporis puncto nati, dissimiles & naturas, & vitas, & casus habent, parumne declarat nihil ad agendam vitam nascendi tempus pertinere? Nisi forte putamus neminẽ eodem ipso tempore & conceptum & natum, quo Scipionem Affricanum; nunquid igitur talis fuit? Ego etiam hoc requiro, omnesne qui Cannensi pugnâ ceciderunt, vno Astro nati fuerunt? Exitus quidem omnium vnus atque idem fuit. *Cicero lib. 2. de Divinat.*

Mais si l'Astrologie judiciaire est contraire à la

raiſon & à l'experience, elle ne l'eſt pas moins à la pieté & à la religion ; & ſi comme Philoſophes, nous venons de chercher des armes dans la raiſon naturelle pour la combattre, nous pourrions comme Chreſtiens en chercher dans l'Ecriture & dans les Peres, pour faire voir que c'eſt vne doctrine tres dangereuſe dans la foy.

En effet, tous les Peres qui en ont parlé, ſe ſont propoſez particulierement d'inſpirer aux Princes Chreſtiens le zéle de s'appliquer comme d'autres Theodoſes à bannir de leurs Eſtats ces miſérables impoſteurs, qui par vne vanité baſſe & mal fondée, ne ſervent qu'à jetter l'épouvante dans les eſprits foibles, à troubler le repos public, & à amuſer les peuples par des attentes vaines & ſuperſtitieuſes.

Epiphanius diſputans adverſus Phariſæos, & Manichæos.

Chryſoſtomus in geneſim, hom. 5. & 6. & in Math. hom. 6.

Bazilius Hexameri hom. 1. & 6.

Damaſcenus l. 2. Ortodox. fidei c. 7.

Saint Auguſtin avoüe ingenuement dans ſes confeſſions qu'il prenoit plaiſir avant ſa converſion, c'eſt à dire lors qu'il eſtoit encore dans l'hereſie des Manichéens, à conſulter ces Aſtrologues, & à ſe faire dire ſa bonne aventure ; mais il adjouſte qu'il commença de déteſter cét art & cette profeſſion dés auſſitoſt qu'il ſe fit Chreſtien, & qu'il abjura l'hereſie ; par ce que la véritable religion & la pieté Chreſtienne y ſont toutafait oppoſées, & qu'elles deffendent avec juſte raiſon de s'y appliquer. Toutes ſes œuvres ſont remplies de ſemblables expreſſions.

Illos planetarios conſulere nõ deſiſtebam ante meam converſionem.

Quod Chriſtiana, & vera pietas repellit, & damnat. *S. Aug. l. 4. confeſſ. c. 3.*

Et Confeſſ. l. 5. c. 3. & 7. & l. 7. c. 6. De doctr. Chriſt. l. 2. à c. 21. ad 24. De Civit. Dei à lib. 5. ad 8. & l. 1. contra Academ. c. 1.

Nous pourrions rapporter icy pluſieurs déciſions de l'Egliſe, & pluſieurs Canons de Conciles, qui condamnent formellement cét art : mais quelques paſſages de l'Eſcriture ſeront ſans doute mieux re-

Concil. Tolet. primum
Barracenſe
Et Tridentinum.

çeus, & ils l'emporteront facilement sur toutes les autres authoritez, puisque c'est à des Chrestiens que nous addressons ce discours.

L'endroit où je renverrois volontiers tous les Astrologues & ceux qui les consultent, est le chapitre 44. du Prophete Esaie, où Dieu parle luy mesme, & où il se fait paroistre avec vn visage fort sévere contre la malheureuse Babylone, qui avoit coustume de consulter les Devins & les Astrologues dans toutes ses entreprises, au lieu d'implorer le secours & l'assistance de Dieu, *C'est moy*, dit le Seigneur tout en cholere, *qu'il faut consulter; C'est moy seul qui ay tiré du neant le Ciel & la Terre; C'est moy seul, & je n'ay point d'associé pour gouverner toutes les créatures; C'est moy qui rends vains & inutils tous ces signes prodigieux, sur lesquels les Devins & les Astrologues fondent leurs prédictions; C'est moy qui renverse ces sçavans présomptueux, & qui fais que toute leur sagesse n'est qu'vne pure folie.* Et par ce que cette Babylone fust bientost renversée, & que sa fin fut fort étrange & assez proportionnée à son idolatrie, & à sa superstition; Dieu la raille admirablement dans son malheur au chapitre 47. du mesme Prophete.

Quis similis mei vocet & annuntiet? Ego sũ Dominus faciens omnia, extendens cœlos solus, stabiliens terram, & nullus mecum, irrita faciens signa divinorum, & ariolos in furorem vertens, convertens sapientes retrorsum: & scientiam eorum stultam faciens. *Isaia c.* 44.

Hé quoy, dit-il, *pauvre Babylone, te voila perduë & renversée de fond en comble, nonobstant cette grande quantité de Sages que tu avois coustume de consulter dans tes besoins & dans tes nécessitez. Ah maintenant que tu es abbatuë, invoque, invoque ces augures, & ces Astrologues pour te relever; implore le secours de ces sçavans qui contemploient les Astres, qui supputoient les*

Defecisti in multitudine consiliorum tuorũ, stent & salvent te augures cœli, qui contemplabantur sydera, & supputabant menses, vt ex eis annuntiarent ventura tibi Ecce facti sunt quasi stipula, ignis

années, les mois, & les jours pour prévoir ce qui te devoit arriver. Mais helas, poursuit-il, *je ne vois pas qu'ils puissent te prester secours dans ton malheur; car ma cholere les ayant précipités dans vn feu éternel, ils sont maintenant comme vn peu de paille bruslée, ils ne s'en pourront jamais retirer. Et ainsi pour avoir mis ton appuy ailleurs que sur ton Créateur, il ne faut plus que tu attende aucun secours favorable qui te puisse délivrer.*

combussit eos: non liberabunt animam suam de manu flammæ, &c. Non erit qui salvet te, *Isaïæ c.* 47.

Il semble qu'aprés vn exemple si funeste, & aprés vne telle déclaration faite par la bouche de Dieu mesme, il faudroit estre bien aveuglé dans son propre malheur, pour vouloir faire profession d'Astrologie judiciaire; & il faudroit estre bien dépourveu de sens commun, pour s'arrester aux prédictions & aux horoscopes des Astrologues. Neanmoins il se trouve tousiours assez d'esprits préoccupez, qui ont de la peine à revenir de leurs premiers sentimens; & quoy qu'il leur soit impossible de répondre aux argumens & aux authoritez dont nous nous sommes servis pour prouver que l'Astrologie estoit contraire à la raison, à l'experiençe, & à la religion; ils ne laisseront pas de la deffendre, & de faire quelques objections qui seroient capables d'embroüiller des esprits foibles, si nous ne les réfutions toutes par de bonnes & par de fortes réponces, comme nous esperons faire dans la suitte de ce Discours.

La premiere objection que l'on peut proposer en faveur des Astrologues, est fondée sur des principes qui se trouvent dans quelques Philosophes & dans quelques Médecins. Il y a des Philosophes qui enseignent que les Estoilles & les Planétes ont la force de former ou d'alterer nostre temperament, en donnant aux vns vne humeur bilieuse, & aux autres vne humeur mélancholique, en faisant abonder le sang dans les vns, & la pituite dans les autres. Or ces humeurs estans differentes dans les hommes, elles y produisent des passions fort différentes. Par exemple, la Bile produit l'amour, l'esperance, & la hardiesse; la Mélancholie produit la tristesse, le désespoir, & la crainte; le Sang produit la joye, le plaisir, & la cholere, &c. Ces passions s'élevans dans la partie inferieure, elles emportent souvent la superieure, & sont les principes ordinaires des actions humaines. Et par consequent, disent les Astrologues, en considérant les conjonctions & les oppositions des Astres, on peut fort bien prévoir les divers temperamens des hommes, & juger par leurs temperamens de la diversité de leurs passions, & par la diversité de leurs passions, de la conduite de toute leur vie. Il se trouve aussi des Médecins qui semblent appuyer cette objection par la méthode qu'ils ont de pratiquer tousjours la Médecine par rapport à l'Astrologie, & de choisir certains quadrats de Lune plustost que d'autres pour purger & saigner leurs malades, s'imaginans que le succez des maladies dépend entierement de la diverse situation des Planétes, & que comme il y a de certaines constellations qui passent pour estre tout a fait contraires aux remedes, comme par exemple *La Canicule*, il y en a aussi d'autres qui leur sont beaucoup plus favorables.

Mais examinons vn peu ces raisonnemens, & faisons y quelques réflexions.

Premierement, quand la Philosophie nous enseigneroit tout ce que supposent les Astrologues, pourroit-on en conclure quelque chose à l'avantage de leur opinion; & leurs prédictions seroient-elles plus asseurées, quand nostre temperament dépendroit en quelque maniere de l'influence des Astres? l'homme n'est-il pas tousiours libre, & sa liberté ne le fait-elle pas agir tantost suivant son temperament, & tantost contre, quelquefois en s'abandonnant à ses passions, & quelquefois aussi en leur resistant? comme on le pourroit prouver par vne infinité d'exemples, & entr'autres, par celuy du celebre Socrate, qui se sentant de son naturel fort porté aux plaisirs & aux voluptez, s'estudia tellement à vaincre son temperament, & à surmonter ses inclinations, qu'il est assez difficile de trouver parmy les Payens vn homme qui ayt menné vne vie plus réglée que la sienne, & qui ayt plus fait éclater que luy la vertu de temperance dans toutes ses actions. Mais il n'est pas besoin de chercher des preuves dans vne rencontre, où ceux mesmes à qui nous avons à faire semblent donner facilement les mains; car ils avoüent ingenûment qu'vn esprit sage se met au dessus de la fatalité des Astres, en se rendant maistre de ses passions; puis qu'ils finissent tous leurs prédictions par ces parolles, *le Sage domine les Astres*. Sapiens dominabitur Astris.

Secondement, c'est bien à tort que les Astrologues se vantent d'emprunter ce raisonnement de la Philoſophie ; car les véritables Philoſophes n'en demeureront jamais d'accord , & ils regarderont tousjours l'argument qui eſt renfermé dans l'objection, comme vne production ridicule de quelques faux Philoſophes, qui ne connoiſſans que certains termes generaux de la Philoſophie, ſe font pourtant forts de rendre raiſon indifferament de toutes choſes qu'on leur propoſe, ſans ſe mettre en peine d'éxaminer auparavant ſi elles ſont fauſſes, ou véritables. Par exemple, Pline enſeigne que le Diamant luit de ſoy meſme, & qu'il éclaire dans vn lieu obſcur ; Ces Philoſophes font de grands efforts ſur leurs eſprits , & ils ſe donnent la geſne pour en rendre vne raiſon naturelle : Mais s'ils avoient bien éxaminé auparavant le fait, & s'ils avoient porté des Diamans dans vn lieu, où il n'y euſt aucune lumiere , ils auroient trouvé que c'eſt vne fauſſeté atteſtée par vn grand Autheur, & ainſi ils ſe ſeroient éxemptez de la peine d'en chercher la raiſon. Quelques Autheurs, comme Héron , enſeignent que tirant le piſton d'vne ſeringue, l'eau y monteroit touſiours, quelque longueur qu'euſt cette ſeringue ; & que par le moyen d'vn ſiphon on pourroit tranſporter l'eau ſi haut que l'on voudroit. Nous avons encore des Philoſophes qui le ſuppoſent comme véritable, & qui taſchent tous les jours d'en inventer de nouvelles raiſons ; & je vous laiſſe à penſer quelle ſolidité auront les chimeres qu'ils formeront ſur ce ſujet, puiſqu'ils recherchent la cauſe d'vn effet qui n'arrive point , & qui doit maintenant paſſer pour

vne

vne fausse supposition, aprés les belles experiences qui en ont esté faites.

Tout de mesme (pour revenir à nostre sujet) les anciens Astrologues ont enseigné que les Astres avoient des influences particulieres sur les hommes, que la diverse position des Estoiles & des Planétes à l'heure de la naissance d'vn enfant estoit le principe d'où dépendoit toute la diversité de sa vie; & qu'ainsi en connoissant bien toutes les Constellations, on pouvoit facilement prévoir tous les accidens de la vie humaine. La pluspart des personnes qui ne connoissoient point d'autres vsages des Planétes & des Estoiles, ont souscrit à cette opinion, & se sont imaginées qu'elle ne contenoit rien que de véritable & de certain. Ensuitte on s'est tourné du costé des Philosophes, & on leur a demandé la connéxion qu'il y avoit entre la cause & les effets, & on les a pressez de rendre raison pourquoy les Astres qui sont matériels avoient tant de pouvoir sur la volonté de l'homme qui est spirituelle. Ces Philosophes supposans que la chose estoit ainsi, & n'osans pas la révoquer en doute, ils se sont étudiez à forger quelques raisonnemens pour expliquer ce qui n'estoit pas, & ainsi craignans de demeurer courts, & voulans éviter l'affront de passer pour des ignorans, ils se sont rendus ridicules en faisant le raisonnement sur lequel les Astrologues s'appuyent encore aujourd'huy: Au lieu que s'ils eussent éxaminé le fait comme nous le faisons présentement, ils en auroient découvert la fausseté, & ils n'auroient pas authorisé vne doctrine si préjudiciable à la conduite de la vie.

Car en effet, si l'on éxamine la chose vn peu sérieusement, & si l'on veut juger par le bon sens des influences que peuvent avoir les Estoiles sur le tempérament d'vn enfant qui vient au monde, & si l'on ne veut rien admettre que l'on ne connoisse clairement: on avoüera sans doute, comme a fort bien remarqué vn Autheur de ce temps, qu'vn flambeau allumé dans la chambre d'vne femme qui acouche, doit avoir plus d'effet sur le corps de son enfant, que la Planéte de Saturne, en quelque aspect qu'elle le regarde, & avec quelqu'autre Planéte qu'elle soit jointe, parceque ce flambeau y produit en effet bien plus de lumiere.

Il ne faut donc pas aller iusqu'aux Cieux, pour y rechercher la cause de la diversité de nos tempéramens, & des passions qui nous tyrannisent continuellement. Et pour ne rien dire du péché Originel, qui est la source & le premier principe de tous les désordres, il faut bien plustost penser que le tempérament d'vn enfant dépend de la compléxion du pere & de la mere qui le produisent de leur propre substance; que la nature du laict de la nourrice & des alimens qu'on luy fait prendre y contribuë beaucoup; que la constitution du pays natal y a tres grande part; & enfin que l'éducation mesme, & la compagnie de ceux avec lesquels il converse ordinairement peuvent y apporter de tres grands changemens. Ce sont là les causes Physiques, oû vn Philosophe pourroit facilement trouver ſon compte pour expliquer la diverſité des tempéramens, & non pas dans les influences céleſtes, qui n'y contribüent en aucune maniere.

Pour ce qui eſt des Médecins qui pratiquent la Médecine par rapport à l'Aſtrologie; Je ne crois pas que leur authorité doive prévalloir au bon ſens dans cette occaſion ; & je ſuis perſuadé que pour peu d'application qu'on y vueille faire, on reconnoiſtra facilement, que d'avoir toutes ces conſidérations pour ordonner vne ſaignée ou vne médecine, c'eſt s'impoſer des ſervitudes importunes, qui n'ont point d'autre fondement que des ſuppoſitions, dont perſonne n'a jamais eſprouvé ſérieuſement la vérité. Il faut bien pluſtoſt croire que le ſuccez des remedes dépend de la prudence du Médecin, qui les ſçait accommoder au tempérament & à l'eſtat de ſon malade; & qu'il eſt plus à propos d'avoir égard aux mauvaiſes humeurs qui cauſent les maladies, qu'aux divers quadrats de la Lune, & aux ſituations des Planétes qui n'y ont aucune part.

Et quant aux Conſtellations malignes ou favorables, comme la *Canicule*, qu'ils diſent eſtre la cauſe de la chaleur extraordinaire que l'on ſent durant les jours qu'on appelle *Caniculaires*, & qu'ils conſidérent comme toutafait contraire aux remedes: Il n'y a rien de moins vray-ſemblable que cette imagination ; car cette Eſtoile eſtant au delà de l'Equateur, ſes effets devroient eſtre plus forts ſur les lieux où elle eſt plus perpendiculaire; & néanmoins les jours que nous appellons icy *Canicu-*

laires, sont le temps de l'hyver de ce costé là; de sorte qu'ils ont bien plus de sujet de croire en ce Pays là que la Canicule leur apporte le froid, que nous n'en avons icy de croire qu'elle nous cause le chaud. Disons donc avec plus de fondement que la Canicule n'apporte en effet ny froid ny chaud: mais que se levant à l'extremité de nostre Horison depuis le 24. Iuillet iusqu'au 22. Aoust, qui est d'ordinaire icy le temps le plus chaud de l'année, les pores de la chair sont pour lors plus ouverts, il se fait plus grande dissipation d'esprits, & le sang se desséche & s'eschauffe extrémement. C'est pourquoy il y auroit quelque danger d'aller encore exciter vne nouvelle chaleur par les remedes, & d'émouvoir les humeurs dans vn temps où le repos semble leur estre plus favorable. Ce n'est pas qu'il n'y ayt des années, où les jours Caniculaires estans assez temperez, il vaut beaucoup mieux se purger durant ce temps là que devant ou aprés. Et dans la vérité, il ne faut avoir égard qu'à la chaleur de la saison, & nullement aux Constellations qui sont aux Cieux.

La seconde objection, que nous proposent les Astrologues, est tirée des differens noms qui ont esté attribuez aux Constellations & aux Planétes, comme de Lyon, de Bellier, de Taureau, &c. Car est-il vray-semblable, disent-ils, que les Anciens qui estoient fort sages, ayent donné des noms d'animaux, & de choses inanimées à des Estoiles, s'ils n'en avoient connu la nature, & s'ils n'avoient veu quelque rapport entre leurs proprietez &

celles des choſes terreſtres dont ils empruntoient les noms ? Et ainſi il faut conclure que tous ces noms ſont myſtérieux, & qu'ils nous avertiſſent des effets que nous devons attendre de certaines Eſtoiles pluſtoſt que d'autres.

Mais parceque cette objection eſt ſpécieuſe, & que la pluſpart du monde s'y laiſſe aller facilement par vn faux préjugé que l'on a ſuçé avec le laict, que les Anciens n'eſtoient pas des hommes faits comme nous, & que l'antiquité de leurs opinions ne permet pas de les révoquer en doute: Je crois eſtre obligé de reprendre la choſe vn peu plus haut, & de remonter iuſqu'à la ſource, pour en découvrir tout le myſtére.

Pour cela, il faut remarquer que les Chaldéens, qui ſont les premiers obſervateurs des Aſtres, s'eſtans propoſez de bien connoiſtre le Ciel, & de marquer éxactament le chemin, & tous les lieux différens par où paſſoient le Soleil, la Lune, & les autres Planétes pendant leurs cours ordinaires, ils s'aviſérent de l'executer par rapport aux Eſtoiles fixes qui ſont au deſſus des Planétes, & qui ſont appellées fixes, parce qu'elles paroiſſent eſtre immobiles entr'elles, & garder tousjours vne meſme diſtance: de meſme que toutes les allées & venuës d'vne araignée qui ſe promenne d'vn bout à l'autre de quelque ſalle, ſe pourroient facilement décrire & démonſtrer par rapport aux ſolives qui en compoſent le plancher, en tirant avec proportion autant de lignes ſur le papier, qu'il y a de ſolives auxquelles cette arraignée correſpond ſucceſſivement. Ainſi les Chaldéens figurérent ces Eſtoiles fixes ſur des chartes dans la meſme proportion & dans le meſme éloignement, qu'ils les remarquoient dans le Ciel : mais parcequ'ils en avoient découvert plus de mille (quoy qu'ils n'en euſſent découvert qu'vne partie) ils creurent qu'ils ſeroient trop long temps à leur donner des noms particuliers qui fuſſent tous differens, & que cela chargeroit par trop la mémoire; C'eſt-pourquoy ils ſe réſolurent de les diviſer en plusieurs bandes ou eſcadres, & ils en firent iuſqu'au nombre de quarante huict, qu'ils appellérent *Conſtellations*, c'eſt à dire, *pluſieurs Eſtoiles enſemble*, & à chaque Conſtellation ils donnérent vn nom ſuivant la figure qu'ils s'imaginoient qu'elle répreſentoit; & enſuite ils remarquérent que le Soleil, la Lune, & les autres Planétes ne paſſoient jamais que par deſſous douze de ces Conſtellations, qu'ils avoient nommées par hazard le Bellier, le Taureau, les Gémeaux, &c. C'eſt pourquoy il les appellérent depuis les douze Signes du Zodiaque. Juſques là je ne trouve rien à redire.

Mais ſoit que ces Mathématiciens vouluſſent par vanité ſatisfaire à la curioſité de ceux qui leur demandoient à quoy ſervoient toutes ces choſes qui faiſoient leur occupation principale, ſoit qu'ils vouluſſent rendre leur ſcience pratique pour en tirer leur ſubſiſtance; ils changérent, comme nous avons desja remarqué, la qualité d'Aſtronomes en celle d'Aſtrologues, & ils dirent que tout ce qui arrivoit icy bas ne ſe faiſoit que par dépendance des Aſtres ; d'où vint d'abord l'adoration & l'idolatrie, qui leur fit reconnoiſtre le Soleil comme vn Dieu, & luy donner ce beau nom ELIOS, ou EL, que les Grecs luy donnent encore, qui eſt vn nom ſacré, qui ſignifie DIEV. C'eſtpourquoy ils conſacrérent les ſept jours de la ſepmaine aux ſept Planétes, Lundy à la Lune, Mardy à Mars, Mercredy à Mercure, Jeudy à Jupiter, Vendredy à Vénus, Samedy à Saturne, & Dimanche au Soleil. Enſuitte ils obſervérent éxactement toutes les guerres, les peſtes, les famines, & les autres accidens qui arrivoient: & aprés avoir remarqué les Conſtellations où le Soleil & les Planétes ſe rencontroient pour lors, ils firent des régles générales, que toutes les fois que ces Planétes reviendroient dans les meſmes Conſtellations, les meſmes accidens arriveroient derechef. Et ainſi voyla d'où nous ſont venus ces beaux axiomes, & ces maximes génerales, ſur leſquelles les Aſtrologues ſe fondent encore aujourd'huy, & qu'ils n'ont point de honte de nous débiter comme des véritez inconteſtables, quoy qu'on les ayt ſouvent convaincües de fauſſeté manifeſte.

Cela poſé, neſt-il pas vray premierement, qu'il faut eſtre bien ridicule pour prétendre qu'vn nom imaginaire & donné par fantaiſie à des Eſtoiles, ſoit myſtérieux, & ayt du rapport à ce qui doit arriver dans la vie humaine? Ne voit-on pas que ces Conſtellations qui reçeurent vn certain nom, en pouvoient reçevoir vn autre; Par exemple, les Eſtoilles qu'onappella d'vn ſeul nom, le Taureau, ne pouvoient-elles pas estre appellées, le cheval, le lion, ou le mulet? Et celles que l'on appella le lion, ne pouvoient-elles pas estre appellées le taureau? Les jours que l'on consacra au Soleil, à la Lune, & à Mars, & que l'on appella pour ce sujet Lundy, Mardy, &c. ne pouvoient-ils pas estre consacrez à Dieu & à ses Saints, & ainsi reçevoir d'autres noms? Et en effet, nous avons vn Autheur nommé *Schiler* qui a changé le nom & la figure de toutes les Constellations; & qui a mis, par exemple, dans le Globe qu'il en a composé, vn Saint Pierre au lieu du Bellier, vn Saint Paul au lieu de Persée, vn Saint Michel au lieu de la grande Ourse, & ainsi du reste. Et ne seroit-il pas encore permis à chaque particulier d'en mettre d'autres à sa fantaisie avec autant de fondement qu'en ont eu les premiers Astronomes? Ce n'est pas qu'il fust à propos de changer légerement tous ces anciens noms, parceque comme ils n'ont esté imposez que pour la distinction des Estoilles, il vaut mieux qu'on se serve tousjours des mesmes qui sont en vsage par toute la terre, & dont tous les Autheurs se sont servis iusqu'à present dans leurs Ouvrages, que d'en aller introduire de nouveaux qui ne serviroient qu'à nous apporter de la confusion. Mais de quelques mots que l'on se serve, il y a tousjours de l'absurdité de faire des pronostiques & des prédictions, qui n'ayent point d'autre fondement que ces noms imaginaires.

Quand donc des Astrologues viendront doresnavant nous dire, que ceux qui naissent le Vendre-

dy

d'y seront voluptueux, parceque ce jour porte le nom de Vénus, & luy a esté consacré; que ceux qui naissent le Lundy seront légers & changeans, parceque ce jour porte le nom de la Lune, qui change tous les jours de face; & ainsi des autres jours. Quand ils nous diront qu'il y a vne Constellation dans le Ciel, qu'il a plû à quelques personnes de nommer la Balance, quoy qu'elle ne ressemble pas plus à vne balance, qu'à vn moulin à vent; & que la balance estant le Symbole de la Iustice, ceux qui naistront sous cette Constellation seront justes & équitables. Qu'il y a trois autres Signes ou Constellations dans le Zodiaque, qu'on nomme l'vn le Bellier, l'autre le Taureau, & l'autre le Capricorne (& qu'on eust pû aussi bien appeller cheval, lion, ou éléphant) & que le Bellier, le Taureau, & le Capricorne estans des animaux qui ruminent, ceux qui prendront médecine lorsque la Lune est sous ces Constellations, seront en danger de la revomir. Enfin lors qu'ils diront que ceux qui naistront sous le Signe du Lion seront courageux; que ceux qui naistront sous le Signe de l'Ecrevisse ne feront jamais fortune, par ce que cét animal ne va qu'en reculant, & mille choses semblables. Il faut traiter tous ces raisonnemens d'extravagans & de ridicules, & il faut accuser de foiblesse ceux qui prennent plaisir à les entendre, & qui s'en laissent persuader.

En second lieu, ne voit-on pas que le fondement des premiers Astrologues estoit bien sophistique, & indigne de véritables Philosophes? Car s'ensuit-il par exemple, que Mercure s'estant rencontré dans le Capricorne, & quelques enfans estans venus pour lors au monde, qui se sont faits par aprés de robe, s'ensuit-il, dis-je, que Mercure estant dans la neuviéme Maison, il y fait des Avocats & des Gens de robe, comme ils nous enseignent? S'ensuit-il que parcequ'vne guerre s'est allumée lorsque Mars estoit dans le Signe du Lion, il s'en allumera de semblables, toutes les fois qu'il s'y rencontrera, N'est-ce pas faire vn sophisme, que l'on appelle dans l'Echole, *à non causa tanquam à causa*, c'est à dire, *apporter pour la cause d'vn effet ce qui n'y contribüe aucunement?* Et tous ces raisonnemens ne sont-ils pas semblables à celuy que feroit vn homme, qui raisonnant sur la mort des Roys, diroit: Henry IV. en passant à Paris par la rüe de la Féronerie, lorsque l'aiguille de l'Horloge de Saint Innocent estoit sur les quatre heures, fut tué malheureusement: donc toutes les fois que des Roys passeront par la mesme rüe, & que l'aiguille de l'Horloge sera au mesme endroit, ils seront aussi massacrez. S'il n'y a personne qui ne traitast ce raisonnement de ridicule; Il ne faut pas trouver estrange si nous nous raillons aussi, & si nous nous mocquons de celuy que font tous les Astrologues.

Enfin nous pouvons adjouster, que quand mesme ces maximes & ces remarques des Anciens Astrologues auroient esté pour lors véritables, & bien fondées: elles ne seroient plus néanmoins d'vsage, & on ne pourroit plus s'en servir présentement; parceque tous les Signes ou Constella-tions ont bien changé de place depuis ce temps là, par le mouvement particulier qu'ils ont d'Occident en Orient; Car par éxemple, le premier degré du Bellier, qui estoit pour lors dans l'Equinoxe, en est maintenant éloigné prés de trente degrez, & ainsi le Soleil est dans le Signe des Poissons lorsqu'on dit qu'il est dans le Bellier, & dans le Bellier lors qu'on dit qu'il est dans le Taureau, & ainsi des autres: & parconsequent les axiômes des anciens Astrologues ne seroient plus véritables, quand mesme ils l'auroient esté autrefois.

Les Astrologues se voyans ainsi poussez à bout sur les Constellations ordinaires, & sur les conjonctions régulieres qu'vn chacun peut connoistre facilement, ils se jettent sur les Phénomenes extraordinaires, ils attestent les Cométes, ils ont recours aux Eclipses, & ainsi ils s'efforçent de se mettre à couvert sous le voile de l'ignorance de la pluspart des hommes. Hé quoy, disent-ils, ce Soleil obscurcy, ce flambeau esteint en plein jour, n'est-ce pas vn prodige & vn signe de plusieurs malheurs? Ces Cométes & ces feux allumez dans le Ciel ne traisnent-ils pas d'ordinaire plusieurs guerres, pestes, famines & massacres aprés leurs queües? Or tous ces effets là si funestes n'arrivent que parceque ces Eclipses & ces Cométes s'allument dans vne Constellation plustost que dans vne autre: & par consequent c'est contredire à l'évidence mesme, que de soustenir que les influences des Astres n'ont pas vn domaine absolu sur la vie des hommes, & ne sont pas la cause des divers accidens qui leur arrivent. C'est ainsi que ces Messieurs amusent le vulguaire, & qu'ils attirent quantité de personnes qui courent en foule pour les consulter déssaussitost que le Ciel nous fait paroistre quelque chose d'extraordinaire. Mais faisons voir que ces Cométes ne sont funestes que pour eux mesmes, & que les Eclipses ne peuvent servir qu'à obscurcir encore davantage leur doctrine.

Ie voudrois bien avant toutes choses leur demander, s'ils ont quelque raison, & quelque fondement, pour avancer qu'vne Eclipse ou vne Cométe arrivée, par exemple, dans le Bellier signifie la mort des Papes & des Empereurs; dans le Taureau, la prison & la mort des Partisans; dans les Gémeaux des malheurs aux Cabaretiers & Epiciers, &c. Car c'est ainsi qu'en parle vn certain * Astrologue dans le livre qu'il fit imprimer en 1665. à l'occasion de la Cométe qui paroissoit pour lors. Cét Autheur en parlant des Pronostiques de ces Phénomenes, marque précisement tous les malheurs qui les doivent suivre; & dans ce dénombrement, il n'y a point d'estats ny de conditions qu'il oublie; il descend iusques aux Charbonniers, Couteliers, Serruriers, Sergens, & au Boureau mesme. Toutes ces pensées ne sont-elles pas extravagantes, & ne devons nous pas les considérer comme des chiméres qui se disent en l'air, & qu'il suffit d'exposer aux yeux des personnes raisonnables, pour en faire voir l'absurdité, & pour les réfuter entiérement;

* Henry Leschener Allemand

Le vulguaire ne laisse pas pourtant d'écouter les Astrologues dans ces sortes d'occasions ; qui ne se présentent que rarement, parceque c'est là coustume des ignorans de ne s'arrester qu'aux choses qui leur paroissent extraordinaires, sans se mettre jamais en peine d'vne infinité d'autres beaucoup plus admirables qui arrivent tous les jours. Par exemple, l'on ne voit point que personne s'effraye lorsque le Soleil se couche tous les jours, & qu'il laisse nostre Hémisphére pendant huit ou dix heures couverte dépaisses ténebres : & neanmoins s'il arrive quelquefois que la Lune se trouvant au dessous de luy, l'éclipse pour vn moment, & nous empesche de reçevoir sa lumiere, le peuple est dans l'admiration & dans l'épouvante ; on dit que le Soleil souffre, qu'il se bat avec la Lune, & qu'enfin aprés tant de combats il demeure victorieux ; & tout cela sans autre raison, que parceque c'est vne chose extraordinaire ; car il est aussi naturel que le Soleil nous soit quelquefois caché par l'interpositiõ de la Lune, comme il est nécessaire qu'il le soit toutes les nuits par l'interposition de la terre. Pour ce qui est des Cométes, M. Descartes, & plusieurs autres ont assez bien démonstré qu'il estoit aussi naturel que les Cométes parussent avec vne queüe, tantost d'vne façon & tantost d'vne autre, comme il est nécessaire que la Lune paroisse pleine ou en croissant, & ses cornes, tantost d'vn costé & tantost de l'autre. Il n'est pas besoin de rechercher icy la nature des Cométes. Tout ce qu'il y a d'habiles Mathématiciens conviennent assez maintenant entr'eux contre Ariſtote, qu'elles s'engendrent toutes au deſſus de la Lune & du Soleil meſme; & ainſi que leurs effets ne ſont aucunement à craindre pour les choſes ſublunaires. Et de fait ſi l'on vouloit emprunter icy quelque choſe de l'Hiſtoire, il eſt conſtant que l'on trouveroit autant d'Eclipſes & de Cométes qui ont eſté ſuivies de bonheurs & d'avantages conſidérables comme on en pourroit trouver qui ont eſté ſuivies d'accidens faſcheux & de rencontres malheureuſes: & parconſequent concluons contre les Aſtrologues, que quand il arrive des Eclipſes ou des Cométes, il y a autant de raiſon d'en prédire du bonheur, que du malheur, ou pluſtoſt qu'il n'en faut inférer ny l'vn ny l'autre.

Mais quoy (dira encore quelqu'vn en faveur de l'Aſtrologie & des Horoſcopes) puiſque vous ne voulez rien donner abſolument aux Conſtellations & à l'heure de la naiſſance, pourriez vous donc nous expliquer comment il ſe peut faire que tant d'Almanachs diſent la vérité; que des Horoſcopiſtes réüſſiſſent ſi ſouvent, & qu'ils prédiſent des choſes qui arrivent en effet, & dont ils marquent des circonſtances ſi particuliéres, qu'il ſemble du tout impoſſible de les pouvoir attribüer à vn pur hazard.

Ouy certes, c'eſt vne choſe qu'il faut faire. Et parceque les Aſtrologues ſe ſervent encore ſouvent de ce dernier moyen pour abuſer de la ſimplicité de la pluſpart du monde, il faut faire voir qu'il n'y a pas plus de ſolidité dans celuy-cy, que dans tous les autres.

Saint Augustin fournit luy mesme plusieurs réponces à cette objection. Il remarque en premier lieu; que les Devins & les Astrologues se voyans gueux & misérables, ils ont souvent recours au Diable, & se donnent à luy dans leur derniere extremité. C'est pourquoy il ne faut pas s'estonner s'ils apprennent dans ce commerce, que la magie leur fait entretenir, plusieurs choses fort surprenantes, & qui sont incompréhensibles au reste des hommes. Cette seule réponce devroit suffire à vn Chrestien pour luy faire conçevoir vne entiére aversion de ces sortes de personnes, & pour luy faire faire vne ferme résolution de ne les consulter jamais. Mais voyons les autres remarques que fait encore ce Pere.

Non immeritò creditur, cum Astrologi mirabiliter multa vera respondeant, occulto instinctu fieri Spirituum nō bonorum, &c. S. *Aug. l. 5. de Civit. Dei. cap. 7.*

Il adjouste que les Astrologues qui font profession de prédire les choses futures, en prédisent tant pour l'ordinaire, que ce n'est pas merveille qu'entre vn nombre infiny de prédictions, quelquesvnes arrivent par hazard, & se trouvent véritables. Et on les favorise encore, dit-il, en oubliant facilement toutes les choses qu'ils ont prédites, & qui n'arrivent point; & en ne se ressouvenant précisement que de celles qui sont arrivées, parceque leur présence sert beaucoup à nous en rafraichir la mémoire. Par exemple, que l'on prédise à cinquante Cardinaux en particulier qu'ils seront vn jour élevez iusqu'à la Papauté, ils se tiennent tous dans cette attente secrette sans en parler à personne, & ils meurent bien souvent aprés s'estre flattés long temps de cette vaine espé-

Cum multa vera eos prædixisse dicatur, ideo fit quia non tenent homines memoriâ falsitates erroresque eorum, sed intenti tantùm in ea quæ illorum responsis provenerunt, ea quæ non provenerunt obliviscuntur *l. 83. q. 45.*

rance. Mais s'il arrive qu'au jour de l'élection, l'vn d'entr'eux soit déclaré Pape, celuy là se ressouviendra facilement de ce que luy avoit prédit son Horoscopiste, il en fera part à ses amis, & ainsi vne seulle vérité dite par hazard authorisera l'Astrologie au préjudice de quarante neuf mensonges, dont on ne parlera point.

Adjoûtez que les Astrologues sont en cecy fort semblables à ces Charlatans & à ces Opérateurs, qui sans sçavoir les premiers principes de la Médecine ne laissent pas de se vanter par tout qu'ils ont des onguents & des remedes spécifiques pour toutes sortes de blessures & de maladies. Et afin de se mettre plustost en réputation, ils ont vn mémoire & vne liste éxacte de tous ceux qu'ils ont guéris par hazard, & par la rencontre favorable d'vn tempérament bien composé. Ils produisent ces éxemples dans toutes les compagnies, & ils observent sur tout de ne jamais parler de ceux à qui leurs remedes ont esté contraires & funestes. Il en est tout de mesme des Astrologues; ils gardent vne liste fort éxacte de quelques évenemens qui se sont trouvez par hazard conformes à leurs prédictions, ils estudient toutes les occasions de les pouvoir débiter & par escrit & de vive voix: mais ce qu'ils observent le plus régulierement, c'est d'estouffer tous les pronostiques qui ne sont point arrivez, & de faire en sorte qu'on n'en parle jamais.

Ea commemorant, quæ non arte illâ (quæ nulla est) sed quâdam rerum sorte obscurâ contingunt. *S. Aug. ibidem.*

On peut encore remarquer que toutes ces prédictions sont souvent si generales & si ambigües, qu'elles qu'elles peuvent se prendre en des sens fort différens ; de sorte que les Astrologues qui les font, se conservent tousjours la liberté de les pouvoir expliquer dans celuy qui aura plus de rapport avec l'évenement ; par exemple, lors qu'ils disent qu'vne Eclipse arrivée dans le Bellier présage des naufrages, des pestes & des famines ; qu'vne Comète dans le Taureau signifie la mort d'vn Grand, des guerres civiles, & des morts subites ; ils ne se hazardent pas beaucoup de passer pour des menteurs, parceque ce sont des miséres & des malheurs, qui sont si attachez à la corruption de la nature humaine, qu'il est comme impossible qu'ils n'arrivent tous les ans en quelque endroit du monde, & qu'ils ne suivent ces Phénomenes, comme ils les précedent aussi assez souvent. C'est pourquoy quelque chose qu'il arrive icy où ailleurs, ils font tousiours assez bien quadrer leurs prédictions avec l'évenement.

Mais ce qui est de plus remarquable dans l'Astrologie judiciaire, c'est que tous ceux qui en font profession, ne l'estiment pas tant, & n'y ont pas mesme tant de confiance, que ceux qui les vont consulter. On trouve assez d'Astrologues qui s'empressent de faire indifféramment l'Horoscope de tous ceux qui se présentent : mais il est sans éxemple qu'aucun d'eux ayt jamais pu travailler pour soy mesme, & se soit fait fort de sçavoir tout ce qui luy devoit arriver. Zoroastes, par éxemple, que l'on fait passer pour vn des premiers Autheurs de l'Astrologie, se vantoit hardiment de sçavoir tout ce qui devoit arriver aux autres ; & cependant il ne put jamais prévoir qu'il seroit luy mesme misérablement défait & massacré dans la guerre qu'il entreprit contre Ninus. Et à propos de cela je ne sçaurois oublier ce qui arriva il y a quelque temps dans Paris à vn célebre Horoscopiste qui est connu de plusieurs personnes de la Cour, & qui ne subsiste que par le moyen des liberalités de ceux à qui il promet de donner des avertissemens salutaires de ce qui leur doit arriver de bien ou de mal. Ce pauvre Astrologue alla s'attaquer à vn Gentilhomme qui estoit tout triste & tout abbatu d'vn procez de la derniére conséquence qu'il venoit de perdre; il le tira à part, & aprés luy avoir montré vne feüille de papier où les figures des Planétes estoient toutes differamment placées, il luy dit, comme il a de coustume, qu'il y avoit long-temps qu'il cherchoit l'occasion de le trouver seul pour luy donner vn advis fort important touchant quelque chose de fascheux qui luy devoit bientost arriver, & qu'il seroit sans doute bien aise de le sçavoir afin de pouvoir prendre ses mesures pour l'éviter plus facilement. Ce Gentilhomme qui ne croyoit point pour lors qu'il luy pût arriver vn plus grand malheur, que la perte de son procez, repoussa d'abord fort brusquement ce faiseur d'horoscope, & le maltraitta mesme de quelques injures; mais comme l'Astrologue persistoit tousjours dans ses importunitez, & qu'il ne se rebutoit point ny par les injures ny par les menaces, ce playdeur affligé s'emporta extrémement, & aprés luy avoir lasché vn grand soufflet, il se mit encore en devoir de le poursuivre à coups de canne iusqu'à ce qu'il se fust enfuy, & qu'il se fust sauvé dans la foulle de ceux qui estoient accourus au bruit & au vacarme que cette rencontre avoit fait. Je vous laisse à penser si cét Horoscopiste avoit esté bien instruit de l'avenir, s'il eust esté si foû que de s'aller mettre au hazard de reçevoir ces coups, & s'il ne se seroit pas plustost seruy de ses lumieres pour les éviter, que de vouloir ainsi se rendre nécessaire aux autres à son grand préjudice.

Concluons donc que l'Astrologie judiciaire n'est appuyée sur aucun fondement solide, qu'elle est contraire à la raison, à l'expérience, & à la pratique mesme des Astrologues. Et pour destourner entiérement les esprits foibles qui auroient envie de les consulter, pour sçavoir ce qui leur doit arriver; finissons ce Discours par vn excellent Dilemme, dont se servoit vn ancien Philosophe, pour en dissüader ceux de son temps.

Si vous les consultez, disoit-il, ils vous prédiront ou des bonheurs, ou des malheurs. S'ils vous prédisent des bonheurs, & qu'ils vous trompent; vous serez tousjours misérable par vne vaine attente de ce qui n'arrivera jamais. S'ils vous prédisent des malheurs, & qu'ils mentent; vous ne laisserez pas d'estre encore misérable, par la crainte que vous aurez tousjours qu'ils ne vous arrivent. Mais s'ils disent par hazard la vérité, & qu'ils vous menaçent de quelque infortune, vous serez malheureux en esprit avant que de l'estre en effet, & ainsi vous le

Aut adversa ventura dicunt, aut prospera. Si dicunt prospera, & fallunt, miser fies frustra expectando. Si adversa dicunt, & mentiuntur, miser fies frustra timendo. Si vera respondent, eaque sunt non prospera; jam inde ex animo miser fies, antequam è fato fias. Si fœlicia promittunt, eaq; eventura sunt, tùm plane duo erunt incommo-

serez doublement. Enfin s'ils vous promettent quelque bonne fortune, qui arrivera effectivement; cette prédiction vous sera encore desavantageuse, en ce qu'elle vous tiendra tousjours l'esprit en suspens, par vne impatiente esperance d'en joüir au plustost, & que cette esperance vous privera de ce qu'il y a de plus doux & de plus agréable dans la joye, que l'on reçoit lors qu'on arrive à la jouïssance d'vn bonheur que l'on n'avoit pas attendu. Et par conséquent quelque chose qu'il en arrive, il est tousjours plus seur & plus avantageux de ne consulter jamais les Astrologues.

da; & expectatio te spei suspensum fatigabit, & futurum gaudii fructum spes tibi jam defloraverit. Nullo igitur pacto vtendum est istiusmodi hominibus res futuras præsagientibus. *Aulus Gellius l. 14. c. 1. ex Phavorino.*

FIN.

CE Discours ayant esté prononcé, plusieurs personnes qui se trouvérent à l'Assemblée firent des Objections en faveur de l'Astrologie, auxquelles on répondit sur le champ. On pourra les donner au public, avec de nouvelles réflexions, si quelquesvns de ceux qui ont demandé ce Discours par escrit pour y pouvoir répondre, avancent quelque chose qui mérite vne réplique.

www.ingramcontent.com/pod-product-compliance
Ingram Content Group UK Ltd.
Pitfield, Milton Keynes, MK11 3LW, UK
UKHW020950220726
13924UKWH00002B/612